罗克数学荒岛2 历险记

罗克"作弊"记

达力动漫 著
DALI ANIMATION

SPM
南方出版传媒
全国优秀出版社
全国百佳图书出版单位
广东教育出版社

·广 州·

目录

危险的校车

史上最严保安

罗克 "作弊" 记

危险的校车

上学的路真远

外星人依依、小强、花花，在地球上生活了一段时间后，渐渐习惯了这里的生活，但他们一直想不通为什么地球上的孩子一定要上学呢，早上起床那么累！

这不，大早上刚七点，太阳才洒下第一缕阳光，大街上除了在树上唱着早歌的小鸟外，也就只能看见这三个早起的外星人了！依依、小强还有花花三人背着书包，几乎是半睡半醒地走去学校，因为住的地方离学校太远了，不早点起床肯定迟到，所以他们才这副无精打采的模样。

现在，这三个外星人对上学的态度也从一开始的好奇、惊喜，变得有些抗拒，甚至想逃课，要不是担心逃课会被老师惩罚，恐怕现在他们还在被窝里打呼噜呢。

花花有些自责地看着依依说："我觉得我们有点丢外星人的脸！"

花花回想起这几天看的有关外星人的电影和图书，按照上面的描述，外星人应该是知识渊博的，而不是像他们这样，一大早还要背着书包去上学！这要是被其他星球的人看到，肯定会被取笑几百年。

小强认真地回答花花说："不去上学的话，就学不到知识，也就无法拯救数学荒岛，更回不了家。"

上学太早和回不了家比起来，似乎回不了家更惨，所以还是学习要紧！但是这上学太远始终是一个大问题，依依觉得必须要想个办法来解决才行。但是能怎么办呢？就这样一边走路一边想着，一个小时过去了，依

依他们才到校门口。一到校门口,他们就遇到了踩着UBIQ变成的智能滑板来上学的罗克。

罗克见到依依三人,热情地打了声招呼:"早上好!"

依依三人就像泄了气的皮球一样,软塌塌的,朝罗克点点头,敷衍地打了个招呼。罗克感到很好奇,心想他们昨晚去干什么了。经过一番了解,罗克才明白,原来是他们上学太远,大家都走累了。

罗克拍了拍UBIQ,自豪地说:"我有UBIQ代步,所以就算八点才起床,也不会迟到!"

花花一听,盯着UBIQ,想动手去抢过来,好在小强死死拉住了她。依依也是一脸羡慕,但是没办法啊,只能早早起床,乖乖走路上学。

"你们也可以找个代步的工具啊。"罗克的话提醒了大家,对啊!想办法找个代步

4

工具不就好了？

　　这时，上课铃声响起，罗克几人慌忙向教室跑去。罗克几人刚走，校长的身影竟然出现在校门口，看着罗克他们的背影，他冷冷一笑说："嘿嘿，你们不是想找代步工具吗？那我就如你们所愿，为你们准备一辆校车吧！"

共有几条路线？

校车有多个停靠点，每个停靠点之间又有几种不同的路线，这样校车全程的路线就有很多种。研究这个问题，我们要先思考要不要分步，确定每一步有几种不同情况，然后把每一步的情况种数相乘，这种方法我们称为"步步相乘"。

例 题

除了出发点（学校）和终点，校长还给校车行程中间路段设计了2个停靠点，从学校到第一个停靠点有2条路线，从第一个停靠点到第二个停靠点有3条路线，从第二个停靠点到终点又有2条路线。

问：校车从出发点到终点一共有多少条路线？

方法点拨

分别用甲、乙、丙、丁表示出发点、第一个停靠点、第二个停靠点、终点，全程分三步完成。

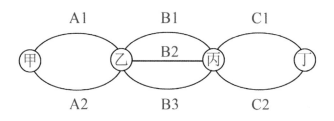

$$2 \times 3 \times 2 = 12（条）$$

所以，校车从出发点到终点一共有12条路线。

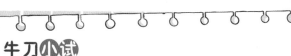

牛刀小试

　　从甲地到乙地有5条路线，从乙地到丙地有3条路线，那么从甲地经过乙地到达丙地共有多少种不同的路线？你能画图演示一下吗？

校车修好了！

　　想到有生意可做，校长连忙赶回家，准备实施他的赚钱计划。而Milk此时正在一边吃着薯片，一边躺着看漫画，显然，这个外星人已经快速适应了地球生活。

　　校长不顾Milk的反抗，强行拉着他跑出家门。他记得郊区有一辆废弃的校车，如果能把它修好，就可以用它来赚钱了！其实不仅仅为了赚钱，校长心中还有一个更加可怕的计划在酝酿。

　　当Milk得知校长是拉着自己去当修理工的时候，十分不情愿，他抱怨说，自己作为精通高科技的外星人，居然要做这种事！

校长拉着Milk，快步赶到郊区的废弃校车处，校车破烂的程度出乎校长的预料，整辆车没有一处是完好的，车皮生锈变黑，到处是锈洞，座椅破烂不堪，没有电路，没有引擎，想修好简直是不可能的事。

校长站在车前一阵沉默，不知道该说什么好。

"天气真好！我们回去吧！"校长知道，这车根本不可能修好的！但是Milk却不这么认为，他认真打量了整辆车，里里外外检查了一遍，然后自言自语地说："能修好！"

校长一听，很是诧异，但转念一想，Milk是外星人，或许真能做到地球人做不到的事呢！校长决定先相信Milk。

校长将修车工具递给Milk，催促他赶紧行动，而Milk却没有要开始的意思，此时的他正在生闷气，因为他的漫画刚看到精彩之

处，却被校长硬拉出来了。

"我虽然说能修好，但并没有答应帮你修啊！"

校长生气地跳起来，指着Milk说："不帮我修？信不信今天不准你吃晚饭！"

校长一语戳中Milk的致命弱点。Milk一听，马上抱住校长，求饶道："别别别，校长我错了！我修就是！"

Milk拿起扳手和钳子准备修理校车，突然又停了下来，看着校长说："校长，我一直有个疑问。"

校长正在思考自己的赚钱计划，不耐烦地对Milk说："说！"

"你说你的数学很厉害，但是我不信，除非你能答对我的题目！如果你答对了，我就马上修车；如果你答不对，那我不但不修车，还要你一直负责我的一日三餐！"

校长心想，竟然怀疑我的数学水平？那就给这家伙一点厉害看看，于是他爽快地答应了。Milk见状开心地说："好，现在出题，听好了！

"广场上的钟准点会敲响报时，响几下就代表几点钟，每敲响一下延时3秒，间隔1秒后再敲第二下。假如从第一下钟声响起，我就醒了，那么，到我根据钟声确切判断出已是清晨6点，前后共经过了几秒？"

校长听完Milk的题目，思索一番后露出自信的笑容，说道："太简单了，我想都不用想，听好了！

"从第一下钟声响起，到敲响第六下前，共有5个延时，5个间隔，共计（3+1）×5秒，即20秒，当第六下敲响后，你一定要等到延时3秒以及间隔时间1秒都结束后没有第七下敲响，才能判断出确是清晨6点，因此，答案应该是（3+1）×6秒，即24秒。"

校长答题结束，Milk已听得目瞪口呆，他被校长的数学能力征服了："不愧是数学

博士，真的很厉害啊！"

校长一脸得意，但是他手心里却捏着一把冷汗，因为这题目他差点答不出来，看来不能小看这个来自数学星球的外星人，不过转念一想，这家伙要是能死心塌地地为自己服务，那对自己将会是一大助力，得好好笼络他才行。

想到这里，校长也拿起修车工具，走到Milk身边拍了拍他的肩膀说："我们一起修吧，身为同伴就应该一起努力！"

刚被校长的数学能力征服的Milk听了校长的话，很感动，修车也更加卖力，经过大半天的折腾，竟然将这辆破烂的校车修复到了正常校车的样子。

Milk擦着头上的汗，向校长邀功说："校长，车已经修好了！你看能不能……今天的晚饭给我加个鸡腿什么的？"

校长对校车的修理很满意，真的是没有花一分钱就修好了。他没有回答Milk，而是

走上校车。

　　校长看着校车总觉得少了点什么，他脑袋一转，突然说道："怎么少了最重要的东西呢！"

　　校长拿起工具交给Milk，说："Milk，帮我把车的门窗加固一下，加固成在车内绝对打不开的门窗！"

　　"好的！没问题！"Milk信心百倍地跑去给校车加固门窗。

　　校长看着这辆焕然一新的校车，脸上露

出一丝令人难以察觉的坏笑：等着吧，这辆
校车将会给罗克他们带来一个"惊喜"！

植树问题变形记

敲钟算时间、爬楼、锯木头计时、队列长度等问题都是植树问题的变形，万变不离其宗，要找到每个具体问题的"间隔数"。

例题

罗克家有一幢四层的楼房，他每上一层楼要走14级台阶，他从一楼走到四楼要走多少级台阶？

方法点拨

爬楼问题是"两端有点"的植树问题，间隔数相当于爬了几层：

间隔数=大楼层楼–小楼层数

如图：

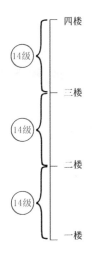

4−1=3，从一楼到四楼共走了3层台阶，每层14级，共（4−1）×14=42（级）台阶。

16

罗克和国王的比赛

下午放学，同学们从学校一涌而出，每个人脸上都洋溢着快乐的笑容，只有罗克闷闷不乐。因为罗克本来打算回家攻克微积分难题，却被依依拉住了。

"罗克，今天一定要帮我们想个代步的办法！"依依扯着罗克的衣袖，不容许他离开一步。

在罗克看来，这和他无关，于是说道："那你们自己倒是去想办法啊，拉住我干吗？"

依依也觉得有点不好意思，但谁让自己实在想不出办法，只能求助罗克，看看这个

机灵鬼有没有什么好办法，说不定可以借给自己一个能变身的工具呢！

"没有办法！UBIQ只有一个啦！"罗克仿佛读懂了依依眼神中的意思，打消了依依的想法。依依有些失落，低着头叹了口气，说："要不是没办法，我才不求你呢，花花和小强都因为上课没做出数学题而被老师留堂了。"

依依刚说完，就看到小强和花花从教室里一脸疲惫地走出来。

几个人在回家的路上边走边思考，却怎么都想不出个好办法。正在大家愁眉不展之时，看到了在街对面挥手的国王，国王太想花花了，忍不住前来接女儿。他听闻了花花等人的烦恼，觉得自己身为国王，一定要帮助子民解决出行问题，但是该怎么做呢？

罗克首先提议："如果没有合适的代步工具，我觉得你们需要一个准点的闹钟！"

罗克之所以这么说，是因为听依依说，

他们起床都是看太阳，太阳不升起他们就不起床，所以经常迟到。

小强想了想说："去哪里找闹钟啊？我们可没钱买。"

罗克想起家里刚好有个闲置的闹钟，那就送给他们吧，不过那个闹钟有些特别，得把特别之处告诉他们才行。

罗克说："我有个闹钟，可以送给你们，不过你们得先答对我的题目！"

又要答题，依依三人顿时有些泄气，但为了拿到闹钟，还是答应了罗克的要求。于是罗克给出题目：

"我要送给你们的闹钟每小时都会准点敲响。1:00敲1下，2:00敲2下，依此类推，已知这个闹钟在5:00敲5下要历时6秒，在9:00敲9下要历时12秒，1:00敲1下的时间忽略不计。那么在24小时内，这个闹钟在敲钟上要花掉多少时间？"

题目一出，依依三人陷入思考，沉默半

刻，花花开口对另外两个伙伴说："这题太难了，我们还是想其他办法吧！比如能不能做一个像UBIQ滑板那样的东西呢？每天看罗克踩着它上学，我就非常羡慕！"

大家都觉得有道理，但是罗克却不认同，UBIQ是他妈妈专门定制的，没有第二个了。

花花有些伤心，眼里甚至泛起了泪花。国王一看，哎呀，自己的女儿怎么能受委屈呢，于是走到花花面前，拍着自己的胸膛说："花花不要哭，你要知道，爸爸可比什么UBIQ厉害多了！"

花花一听，觉得也是，自己的爸爸可是万能的。但是罗克丝毫不想给国王留面子，坏坏地看着国王说："不见得吧？要不你跟我的UBIQ比比？"

还没等国王开口，花花就迫不及待地答应了罗克，说："比就比！我爸爸肯定不会输的！"国王虽然不想答应，但是既然花花这么信任他，只好硬着头皮说："那么……比就比吧！"

比赛的内容是罗克踩着UBIQ变的滑板，而花花骑在国王肩上，比谁先跑回家。

国王和罗克准备就绪，随着一声令下，比赛开始，罗克踩着滑板 "咻"的一声率先出动，而国王则像一匹马一样驮着花花开始追赶罗克。

"哈哈，国王，快来追我啊！"罗克在前面不紧不慢地回头看着国王，而国王还没跑多远就已经气喘吁吁了。

他们就这样沿着街区跑了一路，毫无疑问罗克胜出。国王此时已经累趴在地上了，花花则在一旁生闷气。

罗克得意地看着国王和花花说："哈哈，这下承认了吧，还是UBIQ厉害。"

依依走过来，生气地看着罗克和花花说："我们现在的任务是想办法怎么上学，不是让你们一争高下！"

罗克和花花回过神来。这下好了，办法没想到，天也快黑了，明天又得走路上学了。

这时依依想起了罗克说要送他们的闹钟，于是只好问罗克说："刚刚你说的题目答案是什么啊？"

罗克想了想，知道他们真的解不出自己的数学题，于是告诉他们答案：

"这个闹钟在5:00敲5下，4个间隔历时6秒。由此可以算出，每个间隔历时1.5秒。在9:00敲9下所需的时间证实了上面计算的间隔时长是正确的，所以无

论敲几点钟，间隔数总是比钟点数少1。24小时内闹钟敲响时的间隔数总共为2×（0+1+2+3+4+5+6+7+8+9+10+11）=132，所以一天敲钟所需要的时间为1.5×132=198（秒）。"

听了罗克的解释，大家恍然大悟，原来是这么算的啊！其实只要认真读题，解起来也不难嘛！

就在大家都还在想着题目的时候，罗克的手机收到一条短信，是校长发来的，罗克读完短信，顿时吃了一惊。

罗克将短信给大家看："学校有校车了，明天起我开车去接大家上学！全部人必须坐校车上学！——校长。"

敲钟求和

数学问题通常不是孤立的，例如，敲钟问题是植树问题的一个变形，敲钟求和问题综合了敲钟问题、钟面知识以及数列求和。这类问题一般默认前一次敲钟与后一次敲钟之间的停顿时间是相同的，敲两下中间有一个停顿，敲三下中间有两个停顿，以此类推。

例 题

有一个钟，每小时都准点敲响。1:00敲一下，2:00敲2下，以此类推。这个钟在5:00敲5下要历时6秒，在9:00敲9下要历时12秒。假如1:00敲一下的时间忽略不计，那么在24小时内，这个钟在敲钟上要花掉多少时间？

关于敲钟的问题，我们首先需要算清楚间隔数，敲钟的时间忽略不计，1:00敲1下，没有间隔，间隔数计为0；2:00敲2下，间隔数为1；5:00点时敲5下，有4个间隔，用了6秒。可以算出每个间隔的时间：6÷4=1.5（秒）。24小时内时针一共转了2圈：

时间	1:00	2:00	3:00	…	11:00	12:00
敲钟数	1	2	3	…	11	12
间隔数	0	1	2	…	10	11

所以24小时内敲钟花掉的总时间为2×1.5×（1+2+3+…+10+11）=198（秒）。

牛刀小试

如果这个钟更智能，能区分上下午，下午1:00显示的是13:00。上午1:00敲一下，2:00敲2下，下午1点敲13下，下午2点敲14下，以此类推，那么24小时内这个钟在敲钟上总耗时又是多少呢？

校车来了

一大早，校长和Milk走到校车前，他们眼前的校车与昨天相比简直有天壤之别，不仅换了层铁皮，甚至连座位都焕然一新了。

校长示意Milk该开车出发去接学生上学了。虽然Milk与校长接触的时间还不长，但是凭直觉知道他绝对不是什么好心人，所以Milk想不明白他怎么会平白无故地准备校车接学生上学，于是问道："校长，我们为什么要准备这辆校车啊？"

校长扭过头看着窗外的朝阳，车子慢慢往前开去，路边的树一后退，阳光透过一棵

棵树的间隙照在校长的脸上，校长一脸坏笑地回答道："等下你就知道了！"

Milk打了个哈欠，揉了揉眼睛，一副睡眠不足的样子："我还是不懂为什么要起这么早接学生上学，这到底是为什么啊？"

"少啰唆，开车！"

"校长你为什么要跟过来？我还没见过其他校长坐校车接小朋友呢！"

"校长，我们为什么不吃完早餐再去呢？这样才能显得更有精神啊！"

面对Milk一连串的发问，校长气得从座位上跳起来，指着Milk说："为什么为什么，哪来这么多为什么！我规定，从现在开始，你每天只能问三个为什么！"

Milk不解地问："为什么啊？"

校长答："因为你太烦了，这算你第一

次问为什么了。"

Milk再问："烦？为什么会烦？"

校长忍无可忍，拿出语言翻译器的遥控器，调成静音模式，Milk无法发声，校车内顿时安静了下来。

"快点开车，到了就让你说话。"

校车缓缓启动，前去接小朋友们上学。

罗克家外的马路上，依依、花花和小强兴高采烈地等着校车的到来，对他们来说这是历史性的时刻，他们终于不用走路去上学了，校长的形象在他们心里顿时高大了几分。除了依依他们，罗克居然也在等车，说是想感受一下坐校车的氛围。

"我好久没坐过校车了。"罗克一脸兴奋，但心里隐隐有一种不祥的预感，这也是他来这里最主要的原因：校长不可能这么好心，特意弄来校车帮大家，按照校长之前的行事作风，他做这一切说不定背后有什么阴谋。因为之前发生的种种事情，让罗克不由

得怀疑校长，所以要看看校长究竟想要什么花样。

花花一脸不高兴地说："哼，这校车是来接我们的，万一座位不够了，你可不能抢我们的。"

罗克挑挑眉，坏笑着说："嘻嘻，那就要看谁快了！"罗克和花花眼对眼，互不相让。就在这时，校车从远处渐渐驶近了，校长朝大家挥着手："孩子们，快上车！"

"来了！"花花几人异常兴奋，罗克则在兴奋之余，还保持了一份警惕：这辆车究竟藏着怎样的阴谋？就让我罗克来戳穿吧！

"吃透"基本行程问题

行程问题三要素：速度、时间、路程

基本数量关系：速度×时间=路程

路程÷速度=时间

路程÷时间=速度

大部分行程问题属于基本行程问题，学好基本行程问题需要不断复习巩固以便加深理解，"吃透"基本公式，"吃透"速度、时间、路程三要素间的关联，"吃透"题目情境外还要特别注意单位的统一。

例 题

从城堡到学校全程50千米，周五的下午5:00校车从学校出发，1个小时后到达城堡，校车的行程包括20分钟的高速公路，40分钟的市区道路，已知市区道路上的时速为30千米，你能求出校车在高速公路上的时速吗？

题目求时速，先要转化时间单位。

20分＝20÷60时＝$\frac{1}{3}$时

40分＝40÷60时＝$\frac{2}{3}$时

市区道路路程长：$\frac{2}{3}$×30＝20（千米）

高速公路路程长：50−20＝30（千米）

高速公路时速为：30÷$\frac{1}{3}$＝90（千米）

牛刀小试

罗克带电子狗爬山，电子狗上山时每走30分钟要休息10分钟，下山每走30分钟只休息5分钟，并且下山的速度是上山速度的2倍，如果上山用了2小时40分钟，那么下山用了多长时间？

校长的目的

　　校车稳稳地停在依依他们面前，车门打开，校长在车上向大家挥手，而车里面此时已经坐了许多同学，可以看出大家对于坐校车上学这件事感到格外新奇和兴奋。

　　"大家快上车！抓紧时间，要迟到了！"校长招呼大家上车，依依率先上去，却被校长拦住了，"每人五块！"

　　居然要钱？校长终于暴露了真面目，难怪这么积极地准备校车，原来是为了赚钱。但是没办法，就算是这样，依依也只能乖乖掏出五块钱给校长，因为不坐车就要迟到了。小强也跟着交了钱上车。

后面上车的花花却犯难了，她没带钱出门，高傲的她不好意思向别人借钱，所以愣在了原地。

罗克看着花花问："你不上去吗？"

花花低声回答说："哼，我突然不想坐校车了！"

罗克交了五块钱给校长，心想如果校长的目的只是赚钱，那也就无所谓了。

罗克交钱上车后，回头看了一眼花花，发现她眼中竟然泛着泪花，眼神中满满都是期待。如果眼神会说话，那么花花眼中所说的应该是"帮我给钱"。

罗克掏出口袋里剩下的钱，数了数，不多不少，正好还有五块，这是准备放学买雪糕的，罗克陷入了挣扎：帮还是不帮？帮就意味着吃不到自己垂涎已久的雪糕，那可是自己攒了好久才攒够的钱。

　　"好了，准备发车！"校长见没人上来了，便命令Milk出发，罗克这才注意到司机座位上的Milk，惊呆了："怎么是你？外星人！"

　　Milk站起来，郑重其事地说："我不叫外星人，以后请叫我Milk！"校长在一旁不耐烦地催促Milk发车，Milk应了一声，然后启动车辆。

　　"等等！我帮花花付车费，请她坐车。"罗克最终还是做出了决定，掏出五块钱交给校长。对于校长来说不管是谁给钱都行，于是示意花花上车。

　　花花装作一副高傲的样子走上车，在经过罗克身边的时候，故意高声地说了句：

"哼，本公主给你面子才上车，不然会显得我很无情。"说完花花就找了个座位坐下了，这时她注意到UBIQ没有跟着罗克，于是好奇地问："UBIQ呢？"

罗克回答说："没上车，因为要收五块钱。"

"没钱就别坐车！"校长说道，"这回没人了吧？快开车，马上迟到了！"校长再次催促Milk，这时一个高大威猛的身躯向校车急速狂奔而来，来者正是国王。

"坐校车这种有趣的事，我当然也想体验一下。"国王一冲上车就展示着自己强壮的肌肉，生怕别人看不到，但其实几乎没人关心他的肌肉，除了Milk。

"没想到地球上还有这么完美的人，请给我签个名！"Milk激动不已。国王像个熟练的大明星，潇洒地掏出笔，问道："签哪里？"Milk幸福地挺了挺背："就签在我背上！"Milk的举动让全车人震惊了。

　　国王倒像是习以为常，拿出镜子照了照自己，在Milk的背上签了个大大的名字。校长担心误了事，也顾不得向国王要车钱，便催促Milk出发了。

　　就这样，校车启动前往学校。但是，校车能准时抵达学校吗？

校车途中接人问题

校长改造了一辆校车，有了校车，大家上学节约了不少时间。最节约时间的方法是一直站在路边等吗？请跟随聪明的罗克来看看他是怎样等校车的吧！

例 题

罗克家离学校太远了，早上6:00从家出发都会迟到，他请求校车来接他。校车从学校到罗克家往返需用1小时，罗克早上6:00从家出发，一边走一边等校车，途中遇到7:00从学校出发来接他的校车，校车接上罗克后马上开车，7:40到达学校。问校车速度是罗克步行速度的多少倍？

方法点拨

这是一道复杂的行程问题，路程和速度都未

知，弄清楚整个过程很重要，常用画图法和数据假设法。

【方法一：画图法】

线段AB代表罗克家到学校的路程，校车往返需用60分钟，那么行一个单程要30分钟，校车7:00出发，7:40到校。假设校车在P点接到罗克，校车往返BP这段路程用了40分钟，BP单程校车要用20分钟。由此推算，相遇的时间是7:20。罗克早上6:00出发，在相遇之前已经步行了80分钟，即AP这段路程罗克步行需用80分钟，而校车只需要30−20=10（分）。所以80÷10=8，校车的速度是罗克步行速度的8倍。

【方法二：数据假设法】

假设罗克家到学校有12 000米，校车的速度为

12 000÷30=400（米/分）。

　　从相遇点到学校路程为20×400=8000（米）。

　　罗克步行的速度为（12 000-8000）÷80=50（米/分）。

　　400÷50=8，即校车的速度是罗克步行速度的8倍。

牛刀小试

　　一般情况下，早上8：00校车会专程把校长从家接到学校。一天早上，校长7：00出门，步行去学校，途中遇到了接他的校车，于是，他乘车行完了剩下的路程，到学校的时间比往常提前了20分钟。

　　这天，校长还是早上7：00出门，但15分钟后他发现有东西没有带，于是回家去取，再出门后在路上遇到了接他的校车，那么这次他比平常要提前多少分钟到学校？

校长的真正目的

校车行驶在偏僻的山间小道上，没有多少来往的人，所以显得格外宁静。车窗外天气晴朗，阳光还不算太猛烈，路边野草上的露珠还晶莹剔透，小鸟站在树枝上叽叽喳喳地叫着。

坐在车内的三个外星人依依、花花和小强，因为不用走路上学，现在的心情就像冉冉升起的朝阳灿烂无比。

大家都沉浸在坐校车的喜悦中，被收车费的不愉快也被抛到脑后了。只有罗克觉得有点无聊，平时他是踩着智能滑板上学的，那可比坐车有意思多了。就在罗克坐立不安的时候，汽车突然剧烈颤动起来，冒出黑烟。

车内的人都有些慌张。校长知道这辆破烂校车恐怕走不了多远了，虽然还没到实施计划的地点，也不得不提前开始行动了。待校车完全不动后，校长拉起Milk冲出车门，迅速掏出兜里的遥控器按了一下，车门、车窗瞬间全部关闭。

"校长他们跑了！"花花最先注意到校长的举动，大喊了一声。罗克听到叫声，心想：校长果然有别的目的，他究竟要做什么？

罗克立刻站起来，走到门口，想追上去，但发现车门根本打不开。国王也走向前

来用力掰着车门，几乎使出了吃奶的力气也无法打开车门。

"窗户也锁死了……"小强试图打开窗户，但是也打不开。

这下糟糕了，大家都被困在校车上了。

校长拉着Milk从校车上跳出来，一路小跑。在他看来，计划虽然出现了一些意外，耽误了不少时间，但是不要紧，反正罗克已经被困在校车里了。校车是校长亲自改造的，车窗、车门都非常坚固，他还特意做了设定，被锁上了的车门只能等到中午才会自动打开。只不过到那个时候，一切都为时已晚了！

Milk对校长的目的毫不知情，疑惑地问校长道："我们要跑去哪里？究竟要干什么？"

校长嘿嘿一笑，得意地说："愿望之码！愿望之码说过今天是出题的日子，而罗克和那几个外星人是我最强的对手，只要困住他们，愿望之码的能量就是我一个人的了！"

对于为什么要获取愿望之码的能量，Milk虽然完全不理解，但是他想着如果愿望之码什么愿望都可以实现，那么当然也可以实现修好飞船的愿望，这样，自己就可以继续旅行了。Milk下定决心，一定要帮助校长。

"那我们快点！"Milk开始变得积极起来，速度也加快了。而校长因为腿短，速度自然不会太快，他后悔没有提前在校车里放一辆自行车，这样就不用跑得这么累了。

10:30，一个半小时过去了，罗克等人一直被困在车里，上学早就迟到了。在被困的这段时间内，大家用了所有能想到的办法，但是无论怎样都打不开这门和窗，校车就像是坚固的监牢。

被困在车里的人越来越紧张了，小强害怕地抱着头说："我们不会一辈子被困在这里吧？"

花花也被吓着了，抱着国王大哭起来。

罗克此时倒显得格外沉着，校长把他

们困住的目的究竟是什么呢？他坐在座椅上百思不得其解。他自言自语道："他困住我们，肯定是因为有事情不想我们去打扰。不仅困住我，还困住了所有人，或者说是依依他们……难道是愿望之码？"

罗克连忙问依依："你还记不记得上次愿望之码说过的出题时间？"

依依此时也有些发蒙，挠了挠头，仔细想了一下说："它说……七天之后？"

"原来如此，今天正好是第七天！"罗克恍然大悟，"校长做这一切的目的肯定是愿望之码。为了阻挠我们去答题，校长特意开来了这辆校车，把我们困住，就不会有人对他产生威胁了。"

现在，校车上的人已经无计可施，这校车甚至连信号都屏蔽了，罗克他们连向外界求救都不行。

全车人的目光都投向了罗克，只见他缓缓站起来，看着大家说："我们要去阻止校

长，不能让他得到愿望之
码的能量！"

国王无奈地摇头
说道："你都看到了，
我们根本出不去。"

罗克露出自信的微笑，
正了正头上的帽子，酷酷地说：
"校长虽然聪明，但是我也有准备！其实，
我故意没带UBIQ上车。"说完罗克打了个
响指，然后只听见"砰"的一声巨响，校车
门冒出一阵尘烟，大家转眼望去，发现门上
居然破了一个大洞。

原来是UBIQ！此时它正抬着一条腿，展
示着它的神腿功——正是它将校车门踢开了。

"UBIQ，你真厉害！"众人冲下车，
感激地冲UBIQ竖起大拇指。"现在还不是
庆功的时候，最重要的是去阻止校长。冲
吧，UBIQ！"罗克拉起UBIQ，跑向小镇
广场。

摆阵法分步骤

中国人向来喜欢下象棋，下象棋讲究排兵布阵，攻守兼备，有方法有步骤。如果完成一件事需要几步才能完成，而在完成每一步时又有几种不同的方法，和求总路线的方法一样，摆阵法的方法总数也可以用每一步的方法相乘求得。

例 题

罗克设计了一个4×4象棋阵法，罗克和国王代表象棋中的帅和将，两人不能站对面，即不能站在同一行同一列中，问罗克和国王在这个阵法中有多少种不同的站法？

先确定罗克或国王其中一人的站法，如第一步先确定罗克，他有16种站法；第二步确定国王的站法，因为国王不能与之同行同列，因此只有剩下的9种站法，所以一共有16×9=144（种）站法。

罗克	✕	✕	✕
✕	✓	✓	✓
✕	✓	✓	✓
✕	✓	✓	✓

牛刀小试

右图中共有30个方格，要把3朵红花放在方格里，使得每行每列只出现一朵红花，一共有多少种放法？

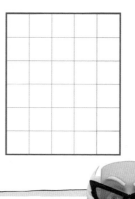

愿望之码的战场

　　小镇广场中央坐落着一个喷泉。喷泉就在这个广场的最高处，沿着两边的楼梯可以走上去。喷泉中间矗立着一个青蛙雕像，而愿望之码就沉睡在雕像的肚子里。11:00是愿

望之码启动的时间，校长早已在雕像下等待多时，此刻，愿望之码发射出七彩的光芒，从雕像嘴里飞出来，浮在半空中。

校长目不转睛地盯着愿望之码，曾经实现过愿望的他仍在回味着获胜的感觉。

现在，愿望之码再次激活，校长对于胜利势在必得。他谋划多日，就是为了保证没人能打扰自己。校长紧盯愿望之码，眼神中流露出兴奋的光芒："哈哈哈！终于来了！"

"愿望之码出题时间，答对者，将实现愿望。"愿望之码的声音在整个广场回荡着，紧接着，愿望之码内漫延出的能量——一个半透明的半圆球即将把广场包围，只要广场被围住，在答题期间就没有人能够进入这个被称为愿望之码战场的区域。

校长期待着答题时间快些到来，可以一个人答题。但是人算不如天算，就在愿望之码战场快闭合的时候，罗克踩着滑板冲了

进去。罗克看到了站在喷泉台上的校长，得意地大喊："校长！没想到吧，我又回来了！"

"可恶啊，他是怎么出来的？"校长咬牙切齿。

罗克进来的那一刻，愿望之码战场彻底宣告封闭，整个场地内只有校长、外星人Milk和罗克，愿望之码的声音再次传出来："愿望之码战场准备完毕，检测到参与人数3人，答题者必须在规定时间内答题，率先答对者获胜，题目将在5秒后出现，5，4，3，2，1。"

倒数结束，题目出现在空中，广场上的人抬起头一眼就看得到。这完全是对答题者数学能力的考验，数学能力的优劣将决定他们能否在此次比赛中胜出。

题目是：有红、黄、蓝、绿、白五种颜色的铅笔，每两种颜色为一组，最多可以搭配成颜色不重复的几组？

校长看着题目，脑门上冷汗直冒，心想糟糕了，遇到了自己最不擅长的题目，如果没有人跟他竞争，他大可慢慢计算，但是现在罗克也在，必须用最快速度算出来才行。校长一边计算，一边默默祈祷罗克对这道题也不熟悉。

校长看了一眼旁边的Milk，发现他居然躺在地上睡着了，果然是靠不住的家伙！

"我做出来了！答案是10组。"罗克高喊。校长非常震惊，心想：他居然这么快就做出来了？不可能，一定是错的！抱着这样的想法，校长开始观看罗克的解题过程。

半空中出现一块巨大的屏幕，罗克将解题方式展现在屏幕中。

"红色铅笔分别与黄、蓝、绿、白四种颜色的铅笔搭配，颜色不重复的有4组，黄色铅笔分别与蓝、绿、白三种颜色的铅笔搭配，颜色不重复的有3组，蓝色铅笔分别与绿、白两种颜色的铅笔搭配，颜色不重复的

有2组，绿色与白色铅笔搭配，颜色不重复的有1组，所以最多可以搭配成颜色不重复的4+3+2+1＝10组。"

解答完毕，罗克和校长都紧张地看着空中的愿望之码，究竟是对是错呢？

"答案正确，本场胜者罗克，累计胜点一次，同时可实现一个有时限的愿望。"愿望之码的声音在空中回荡，包围广场的光球慢慢消失，依依和国王他们匆匆向广场跑来。

依依气喘吁吁地看着罗克和校长说："结果……结果怎样了？"

"我们赢了。"罗克站在原地思考了一会儿，提出了自己的愿望，"我希望校长把早上的车费还给大家。"说完，愿望之码光芒一闪，校长口袋里的钱币蠢蠢欲动，校长拼命捂住口袋："干什么干什么！这是我的钱！你不能这样！"

校长的挣扎是徒劳的，钱从他的口袋里

蹿出，飞到空中，然后回到了各自主人的手里，国王等人看到这情况，高兴地抱在一起。大家都松了口气："还好罗克赢了。"

校长抱头痛哭："我的钱啊，你们这群强盗！"旁边的Milk早已经醒来，目睹了这一切，他拍着校长的肩膀安慰说："校长，我们把他们困在校车里已经错了，再收他们的钱，万一他们报警怎么办？"

校长突然觉得Milk说得有道理，于是点点头，准备带着Milk偷偷逃走，但是被这时出现的同学以及罗克的班主任拦住了。

"校长，你要给我们一个交代。"

"校长，迟到这件事你必须要负责。"

众人叽叽喳喳地围住校长，不让他离开，校长急忙解释，说是车子出故障了，不

是他的错，但是根本没人听，大家还说要去向校董投诉校长的所作所为。最后罗克站出来说："要不这样吧，校长，你以后继续开校车接送同学们。"

校长点点头回应："没问题，为了补偿大家，从今往后车费减半。"

"减半？不行！必须免费！"罗克打断校长。大家你一言我一语，校长无可奈何，最终妥协，答应大家以后校车不收费。这次校长赔了夫人又折兵，输得彻彻底底。他觉得这次失败都是罗克造成的，并下定决心，一定要罗克好看！

"两元素" 重复除以2

"搭配套数、握手次数、组角个数"这类问题有一些共同的特征，一是"两元素"，二是不考虑顺序，比如握手是两两握手，并且不考虑谁先握谁后握。解决这类问题，常用的方法是枚举法，也可以用乘法计算，用乘法要考虑重复，最后结果除以2。

例 题

有红、黄、蓝、绿、白五种颜色的铅笔，每两种颜色的铅笔为一组，最多可以搭配成颜色不重复的几组？

方法点拨

我们可以依次将一种颜色与另外几种颜色搭配。这里需要注意的是，例如，红色和黄色搭配

后，为避免重复就不再计算黄色与红色搭配，所以每种颜色都只与自己后

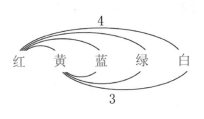

面的几种颜色搭配，红与后面的4种颜色搭配，黄与后面的3种搭配……

所以这一题的解答是4+3+2+1=10（组）。

还可以这样推理：每一种颜色都与除自己外的其他颜色搭配，但每一个搭配都重复计算了，这样推理就可以用乘法来计算，5×4÷2=10（组）。

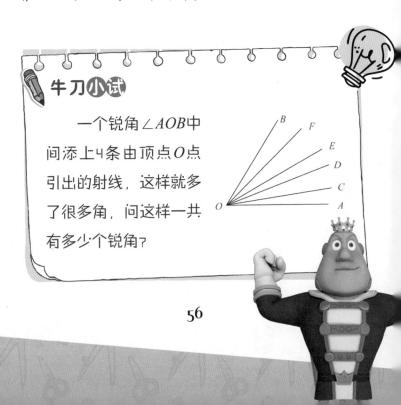

牛刀小试

一个锐角∠AOB中间添上4条由顶点O点引出的射线，这样就多了很多角，问这样一共有多少个锐角？

史上最严
保安

国王的工作

国王来到地球后，没有了繁杂的公事，生活悠闲自在。他每天起床，刷牙，吃早餐，把亲爱的女儿花花送到门口上校车，然后就可以肆意挥霍剩下的时间。平时有加、减、乘、除做家务，暂住在罗克家又是免费的，不愁吃不愁穿，生活很惬意。可是，当这些东西每天都重复的时候，生活也会变得乏味。

距离上次愿望之码出题已经过去七天了。这天早上，国王照常送花花上了校车，然后回到罗克家中，此时加、减、乘、除都

在努力地做家务，维持着罗克家的整洁，以此作为暂住的报答。国王看到自己的四个手下挤在房间里，不由得叹息，现在住的地方还是太小了，这样下去始终不是办法，他必须要找个新的住所才行。但要找新的住所就要有钱，要赚钱就要有工作，他现在赋闲在家，哪里有钱找新住所呢？

无所事事的国王只好打开电视机，一手撑着下巴，一手拿着遥控器，漫无目的地换

着电视频道。但是今天国王不怎么走运，连续换了几个频道都能看到一群人在幸福工作的画面，感觉全世界都在嘲讽他是一个无所事事的人。上次在镜子店当售货员，因为他弄坏了镇店之宝，店长大发雷霆，把他炒鱿鱼了。那天，国王第一次有了无地自容的感觉。不过现在他早已将那段沉痛回忆抛之脑后。

"今天该干些什么呢？"国王陷入沉思，还有什么是他没干过的呢？去河里和鱼比游泳试过了，去森林和小鸟比速度也试过了，甚至绕着小镇倒立走一圈也做过了，国王猛抓一把头发，苦恼得不知道该干什么了。

无聊之下，国王随手拿起花花的作业本看了看，发现上面有一道数学题，是"鸡兔同笼"的变种——"人马同厩"问题，国王看了看答案，觉得很简单，于是又拿起了身边的报纸，忽然他在最角落的地方看到了一行小广告，上面写着"招学校保安"。

国王一看，这不是花花他们的那所学校吗？保安？是做什么的？国王思考了一番，决定去试试。他相信凭借自己的聪明才智，应聘保安肯定没问题。于是他命令加、减、乘、除跟上自己，匆忙赶去报纸上说的面试地址。

国王一行人到达面试地点，面试官看到这么一个大汉带着四个奇怪的人出现，不由得吓了一跳，还以为是不法分子，询问后得知这群人居然是来面试保安的。

"你觉得应聘保安，你有什么优势？我为什么要录用你？"

面对面试官的问题，国王的回答方式是带着加、减、乘、除一起围着面试官，在气势上压倒对手，让对手屈服！毕竟是国王，怎么可以随便让一个小小面试官吓倒？

面试官屈服于国王的威吓，但是出于职业操守，还是哆哆嗦嗦地问了最后一个问题。

"我……我们学校需要有知识的保安，所以只要你能答对我出的数学题，我们就聘请你为学校保安！"

国王有点紧张，心想：这下糟糕了，数学题啊，万一自己不会怎么办！又转念一想：不对不对，自己可是数学荒岛的国王，地球人出的数学题对我来说是小菜一碟。

就在国王忐忑不安的时候，面试官给出了试题：一个马厩里有人也有马，加起来一共有22个头，72只脚，问有几个人，几匹马？

国王一听，这不是自己在花花的作业本上看到的题目吗？答案自己还记得，国王一阵窃喜。

国王回忆起作业本上的内容，立刻给出了答案：假设人和马都抬起2只脚，所有抬起的脚是22×2=44（只），那么地上剩余的脚是72-44=28（只），因为人都抬起了脚，那地上剩下的只能是马的脚，而且每匹马抬起2只脚，那每匹马也只有2只脚贴地，所以马的数量是28÷2=14（匹），人就有22-14=8（人）。

面试官非常吃惊，没想到这个大个子居然这么快就说出了答案，看来还是一个有文化的大个子，正好符合学校保安的要求。最终面试官录用了国王，于是国王成为一名光荣的学校保安，从此开始了他的地球保安生涯！

"鸡兔同笼"问题的变形

　　"鸡兔同笼"问题可以变形为"龟鹤算",还能变形为"人马同厩""钱币算张数"。这是一类十分有趣的问题,常用到对应转化的数学思想以及假设法、列表法、方程法等,在小学最常用的是假设法,国王用过的抬腿法也是假设法的一种。

例 题

　　一个马厩里有人也有马,加起来一共有22个头,72只脚,问有几个人,几匹马?

方法点拨

　　这一题是"鸡兔同笼"问题的变形,解法与"鸡兔同笼"问题一样,之前学过的小朋友应该可以很快做出来,我们再复习一下。

　　解答"鸡兔同笼"的题目需要用到假设法,假设马厩里面全部都是人，那么22个头一共就有44只脚，这样比题目中的72只脚少了28只，这剩余的28只脚是因为还有马的另外2只脚没有算，用28除以2可以得到马的总数，再用总头数减去马的总数就可以知道人的总数了，解得：

（72−2×22）÷2=14（匹）

22−14=8（人）

所以有14匹马，8个人。

牛刀小试

过年的时候，同住一个区的叔叔阿姨们会给小朋友红包（广东人叫利是），红包里都是10元和5元的纸币，去年过年，家乐小朋友收到10元和5元的纸币共100张，共820元，请你帮他算一算，他分别收到多少张10元和5元的纸币？

史上最严保安

又是一天清晨，花花像往常一样背着书包准备去上学，按照惯例，国王和加、减、乘、除应该会一起送她去搭乘校车，但是今天他们并没有出现。

"或许是睡过头了吧。"花花觉得爸爸和加、减、乘、除每天早起送她上学很辛苦，今天就干脆让他们继续睡吧。这么想着，她就和依依、小强一起出门，准时坐上了由Milk开来的校车。

在距离上课还有十分钟时，校车终于赶到了校门口。同学们纷纷从校车内出来，眼

前的景象让大家大吃一惊：校门口居然排起了长队，同学们正缓慢地通过一个安检门。

排在队伍后面的依依伸长脖子看过去，问道："发生什么事了？"

小胖给依依解释说："听说学校请了保安，所以大家现在要进行安检才能进学校了。"

安检？对于依依、小强和花花来说，安检是个陌生的东西，因为数学荒岛那边根本没有。要怎么进行安检呢？队伍后的三人伸

出头看过去，发现只要从安检门内走过去就行了，他们心想：这也没什么大不了嘛！

"哎呀，真是麻烦，来上个学还要搞什么安检。"不知道什么时候，罗克出现在依依的身后，依依回头一看，只见罗克带着UBIQ变的滑板，睡眼惺忪，头发有些凌乱，明显是睡过头的样子。

这时花花指着负责安检的人，脸上露出兴奋的表情，大声喊道："啊！那不是我爸爸吗？还有加、减、乘、除！原来他们来学校当保安啦！"

发现自己的爸爸后，花花从队伍中脱离出来，径直朝国王走去，排队的同学看到花花的举动，纷纷表达不满："你怎么能插队啊！"

花花一脸不屑，指着国王，然后拍着自己的胸口，傲慢地说："那是我爸爸！我当然可以不排队！"说完，花花小跑到国王面前，兴奋地跳了跳说，"爸爸！是我，是我！"

正在执勤的国王看到宝贝女儿，心中既开心又得意，这回可以在女儿面前展现爸爸的威风了。国王抱起花花，亲昵了一番，说："哎呀，宝贝女儿，你怎么才到啊！"

"爸爸！我是不是可以不用排队了啊？"花花水汪汪的双眼直勾勾地望着国王。视女儿为掌上明珠的国王下意识就想点头答应，这时候除号凑了过来，在国王耳边悄悄说了句："国王，您对待学生要一视同仁才能有威信啊。"

国王一听，觉得很有道理，于是点点头，放下花花，义正词严地说："绝对不可以！虽然你是我女儿，但也要遵守规矩，我身为学校保安，绝不能徇私！"

　　加、减、乘、除骄傲地为国王鼓掌，随后国王将花花送回队伍继续排队。同学们看到花花又被送了回来，不禁偷笑，而花花羞得恨不得挖个地洞钻进去，她眼含泪花，看着国王说："爸爸，我讨厌你！"

　　国王心中仿佛刀割一样，但是现在他要建立起史上最严保安的威信，要做世界上的保安王，就必须严格要求自己才行。于是国王向队伍高声大喊："都给我乖乖安检，违禁品统统没收，谁也别想偷偷溜进去！"

　　这可真是学校史上最严保安了。

排队与乘法原理

花花要排队吗？当然要，而且排队中的学问还不少呢。"排队有多少种排法"和前面学到的"有多少种路线"问题都可以用乘法计算。将一些事物排在一起，构成一列，计算有多少种排法，称为排列问题。

例　题

国王每天早上都会让加、减、乘、除排队操练。花花发现四个侍卫每天的排队顺序不一样，问：这四个侍卫到底有多少种不同的排队方法呢？

方法点拨

虽然是排队问题，也可以分步来思考，如图：

4种	3种	2种	1种

四个格子代表4个位置，第一步确定左起第一个位置，加、减、乘、除4个侍卫都可以站，即1号位置有4种站法，第二步确定左起第二个位置有3种站法，依次确定。

4个人共有4×3×2×1=24（种）站法，即24种排队方法。

类似于这样从大到小连续的非0自然数相乘 $n \times (n-1) \times (n-2) \times \cdots \times 2 \times 1$，我们叫作N的全排列，记为 A_n^n。

由此看出原来排列公式也是乘法算式，并且是一个有规律的乘法算式。

牛刀小试

有3、5、7、8四张数字卡片，问用这四张数字卡片可以组成多少个不相等的四位数？（在组成的数中，每个数字只能用一次）

校长也要安检

　　尽管马上就要上课了，但是学校门口的安检依然在进行，作为保安队长的国王认真检查着每一个人的物品。一个身材瘦小的同学从安检门经过，安检警报突然响起，这个同学还没来得及解释，加、减、乘、除四个人就冲上来，将他控制住，从他身上搜出了几本漫画书！

　　国王拿着搜出来的书，脸上写满了失望："小小年纪不认真学习，还看这种书，长大了还有什么出息，没收！"

　　小个子同学根本没有反抗的余地，只好

默默走进学校。队伍后面还没有安检的同学都慌忙检查自己有没有带什么违规的东西。这时，小胖走进了安检门，果不其然，安检门再次响起警报，他也被加、减、乘、除控制住。搜身的时候，小胖身上掉出了鸡腿、蛋糕、薯片、手抓饼、巧克力、坚果……还有好多漫画书！

"啊！还给我！你们这些魔鬼！"小胖绝望地挣扎，想要抢回自己的零食和书，但

是被加、减、乘、除强行带进了学校。国王一边用一个大篮子装着小胖的"违禁品"，一边招呼后面的同学继续安检。

　　轮到小强了，小强战战兢兢地走到安检门前。他的书包里就只有教科书而已，但是不知道为什么他还是感到心慌。当小强准备通过安检门时，安检门果然又响起了警报，小强立刻被控制住。

　　"我没有带违禁品啊！"小强连忙解释。国王走到小强面前点点头说："谅你也没这个胆，但是……"
国王指着旁边的牌子，上面标注着禁止携带超过30毫升的不明液体，"你的鼻涕超标了，会带给同学们烦恼，所以要强制清除！"国王嫌弃地把小强

交给了加、减、乘、除，小强哇哇叫着被减号带到角落去清理鼻涕了。

依依看着这场景，无奈地摇摇头，下一个轮到她了，她知道国王肯定也会找理由为难她的。果然，安检门照常响起，国王表示依依身上携带危险违禁品。

依依拿出一块抹布，表示自己只带了这个，没有别的东西了。国王一把扯过抹布，捏着鼻子丢给乘号说："就是这个，这是一级危险品，没收！"

依依不甘心地走进学校，紧接着轮到花花，这时花花心想："就算爸爸不让我插队，他也肯定不会在安检时为难我的。"于是，她自信满满地走向安检门，结果安检门还是响了，国王以植物上携带不明细菌为由，把花花最爱的小黄花给没收了。

"爸爸，我恨你！呜呜……"花花哭着跑进学校，听到花花这么说，国王的心在滴血，但是他知道自己必须坚持下去，既然做了就要做到底！

下一个是罗克，只见他带着UBIQ向安检门走了过去，罗克其实也有点心虚，毕竟今天的国王有点六亲不认，而且没事找事，估计他也得被搜身了。

"嘿嘿，国王，我……"罗克话还没说完，安检门警报就响了，罗克立刻被控制住，他连忙说道，"国王，我什么都没带啊！"

国王走到罗克身边，指着UBIQ说：

"这个不能带进学校。"

"什么？"罗克非常惊讶，UBIQ是他一直带着上学的伙伴，可以说是形影不离，现在居然不让他带进学校，简直像要了他的命一样难受。

国王郑重其事地说："罗克，我知道你很聪明，但是你事事都依靠UBIQ，这样是不会成长的，所以你以后不能带UBIQ上学。"

一旁的UBIQ很不高兴地表示抗议，但是没人理会，罗克也赶紧向国王求情："国王！你就让我把UBIQ带进去嘛！"

国王抱着手，头一扭，表示没商量。罗克又跑到国王正面，笑嘻嘻地说："国王，只要你让我带UBIQ进去，以后你有困难，我一定会帮你的！"

"国王我从来不需要别人的帮助！总之有我在，UBIQ不准进学校！"国王说得斩钉截铁，没有给罗克一丝希望，罗克顿时垂头丧气。

这时，校长带着Milk缓缓走了过来，看到在排队的学生，问道："怎么回事？马上要上课了，你们还在这里干什么？"

当校长得知新来的保安正在给学生安检的时候，非常赞同地表示：为了学生的安全，严格安检很有必要。随后，校长和Milk昂首准备走进学校。

"站住！"国王拦下校长和Milk。

"怎么，你不知道我是谁吗？"校长满脸不屑，在他看来，这里是学校，他是校长，所以他最大，进出学校绝对没有人

敢拦他。

国王面无惧色地说："不管是谁，都要排队过安检，这是规矩，校长也要遵守！"

看到国王毫不退让，校长生气了！

优先排队过安检

加、减、乘、除四个侍卫排队一共有24种排法，4个人有4个位置，没有任何限制条件这种排法叫全排列。如果排队有限制条件呢？比如从比较多的人数中只选部分排列又该如何呢？

基本方法：根据位置分步考虑，步步相乘。

公式法：从 n 个元素中取出 m 个元素按照排列（$n>m$），公式为：

$$A_n^m = n(n-1)(n-2)\cdots(n-m+1)$$

例　题

安检口每次只能通过3个人，无论多少人排队，国王总是排第一位的，拥有绝对优先权。现国王带着花花和加、减、乘、除四个侍卫一行6人准备过安检，国王准备选两个人和他一起优先排队。想一想：国王选哪两个人，然后又是怎么排队的呢？

方法点拨

这里的问题是6个人只有3个位置，从前往后分别记作1、2、3号位。分步思考：首先国王已经固定在1号位，即1号位只有1种排法，2号位可能是花花和加、减、乘、除四个侍卫中任何一个人。2号位置有5种排法，3号位置有4种排法，共有5×4=20（种）排法。

公式法：从5个人中选2个人排列，$A_5^2=5×4=20$（种）。

牛刀小试

有3、5、7、8四张数字卡片，问用这四张数字卡片可以组成多少个不相等的两位数？（在组成的数中，每个数字只能用一次）

当保安第一天就要失业了？

校长要进自己的学校，那是再正常不过的事了。但是这一次，校长居然被拦在了校门口。

校长暴跳如雷，脸上青筋暴起："你知道你在做什么吗？快让开！"

国王已经下定决心要坚持到底，自然是不可能让开的，大块头的他站在矮个子校长面前就像一座大山，无法撼动。Milk看到这样的国王，心中震撼，国王英伟的形象在他心中更加高大了。毫无疑问，国王已经成为

Milk的偶像了。

"校长，现在我是学校保安，有我在，所有人必须安检！"国王理直气壮地重申了一遍。

校长气得浑身发抖，因为在这所学校还没有人敢忤逆他，他用颤抖的手指着国王，吼道："好！那我就让你做不成学校保安，现在我以校长的身份宣布，你被开除了！"

Milk在一旁劝说校长："校长，你要冷静啊，这么负责任的保安找不到第二个啦！"

国王并不惧怕校长的威胁，因为他知道校长根本开除不了自己，所以他毫不在意地说："你确定你有权开除我吗？"

就在这时，校长的电话响了，校长接通电话，讲了几句恭维的话，连说了几声"是"，然后客客气气地挂掉了电话。

国王自信地说："怎么样，你还要坚持开除我吗？"

校长确实不敢明目张胆地辞退国王，因为董事长打来电话说，学校安全最重要，所以安检是必需的，所有人都要配合保安的工作。但是，这个保安对他不尊敬，这让他很恼火，所以就算不能直接辞退他，也要找别的理由。

有什么办法呢？校长又开始想坏主意了，忽然他眼珠一转：有了！就这么办。

校长清了清嗓子，说："好吧，像你这么尽责的保安确实不多见，你阻拦我的事我不怪你，但是我们学校是重点学校，就算是保安也要有足够的知识，所以我要出题考考你。你答得出来我就让你继续留在这里当保安；如果答不出来，那么董事长也不会阻拦我开除你。"

国王仔细一听，心想：哼，不就是做题吗？上次都做出来了，这次又有什么可怕的！于是他点头答应说："来啊，谁怕谁！"

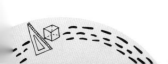

"你且听好了！"校长出了一道数学题，"Milk在晚上9:00将手表调准，他早晨到校时手表显示时间为8:00（上课时间），但他却迟到了10分钟，假设手表每小时慢的时间相同，那么Milk的手表每小时慢几分钟？"

国王听完题目陷入思考，很快他发现自己不会做。国王开始慌了，额头冒出细细的汗珠，完全没有了刚刚自信的样子，现在他满脑子都在想：万一自己第一天上班就被辞退，那太丢面子了，会被人嘲笑的。但自己真的毫无头绪，这可怎么办呢？

"等等……不要着急……我先去上个厕所！"说完国王就往厕所跑去，而校长自信地站在原地，因为他相信，这个大块头肯定做不出自己的题目，只要国王说不会，或者答错，那他就会当场开除国王，让他颜面尽失。

厕所旁，国王凑齐了自己手下的四员大将加、减、乘、除，五人一起做校长的题目，但是他们全都不会，国王这回真的绝望了。就在准备放弃的时候，国王看到了来上厕所的罗克，他顿时又燃起了希望，连忙凑到罗克身边献殷勤。

"哎呀，罗克，上课坐久了很累吧！来，我来帮你捶捶肩！"国王想拍拍罗克的肩膀，却被罗克快速躲过。

"你要干吗？离我远点！"罗克一脸疑惑，了解了国王的处境后，罗克瞥了国王一眼，仿佛在说，"你也有今天。"

国王双手合十，目光殷切地看着罗克："罗克，你就帮帮我吧！"

罗克扭头，一脸不屑地说："哼，刚刚不是还说不需要帮忙的吗？"

"那都是我装的啦。"

"是谁不让我带UBIQ进学校的？"

"带带带，以后都让你带行了吧！"

"以后安检不许故意刁难大家！"

"没问题！"

听到国王的保证，罗克答应帮国王解
题。听完校长出的题目后，罗克思考了一番
后，将答案告诉国王。

"我做出来啦！"国王一边跑一边
喊。校长对国王的话嗤之以鼻，他根本不
相信这个看起来傻傻的大块头能够将他的
难题答出来。

"那你说说看啊！"校长一脸不屑地等

待着国王的答案。

"听好了！Milk的手表显示的时间从晚上9:00到早上8:00，实际上有11小时加10分钟，即$11\frac{1}{6}$小时，因此，Milk的手表转速为11除以$11\frac{1}{6}$，即$\frac{66}{67}$，所以手表每小时比实际慢$\frac{1}{67}\times60=\frac{60}{67}$（分）。"

校长听完后呆住了。居然答对了，这不可能！校长非常气愤，但是没办法，他已经找不到理由开除国王了。但是他不相信国王能自己做出来，绝对有人帮了他，是谁呢？

这时，校长看到了从厕所窗边路过的罗克，心中顿时明了，一定是他！好一个罗克，又一次被他弄得算盘落空了，不能再忍了，这次一定要好好教训这家伙！

较复杂的钟面计算问题

遇到时针走的速度和标准的时钟不同这种问题时，可以用数学方法来解决。

★提示：这类问题比较难理解，所以一定要认真读题，理解其中的变化。解决这类问题需要具备的知识和能力有：

知识一：时间单位换算知识，1时=60分，1分=60秒。

知识二：钟面知识，整个钟面为360度，上面有12个大格，每个大格为30度；60个小格，每个小格为6度。

基本能力：能用分数解决行程问题。

★校长考查国王的题目需要用到两个基本知识和一个基本能力。

Milk在晚上9:00将手表对准，他在手表显示时间为早晨8:00时到校却发现迟到了10分钟，假设手表每小时走慢的时间相同，那么Milk的手表每小时慢几分钟？

这道题其实很容易做错，马虎的小朋友看到后可能会认为总共慢了10分钟，用10分钟除以11小时就是每小时平均慢的时间。但是，这么想的误区在于现实时间已经过了11小时10分钟，而不是11小时，但Milk的表只走了11小时，所以应该用11小时除以11小时10分钟算出Milk的手表转速，再用1减去Milk的手表转速得到每小时慢的时间，解得：

$$11时10分=\frac{67}{6}时$$

$$11\div\frac{67}{6}=\frac{66}{6}\div\frac{67}{6}=\frac{66}{6}\times\frac{6}{67}=\frac{66}{67}$$

$$1-\frac{66}{67}=\frac{1}{67}$$

所以得到Milk的手表每小时慢$\frac{1}{67}$小时，但是这一题问的是慢多少分钟，所以我们还要将小时换成分钟：

$$\frac{1}{67} \times 60 = \frac{60}{67} \text{（分）}$$

所以Milk的手表每小时慢$\frac{60}{67}$分钟，这一题可能很难理解，不清楚的小朋友可要多看几遍哦！

牛刀小试

笑笑有一只手表，她发现她的手表比家里的闹钟每小时快30秒，而家里的闹钟比标准时间每小时慢30秒，如果笑笑就这样不管她的手表，请你帮忙算一算，笑笑的手表一个星期后和标准时间比较，相差多少秒？

罗克
"作弊"记

目标！罗克！

　　校长回到办公室就开始打罗克的主意，他要让罗克臭名远扬，让他成为别人眼中的坏孩子，为此校长必须想出一个"完美"的计划。Milk在校长办公室逛来逛去，闲得无聊的他突然想吃东西，于是他趁校长不注意，随手拿起一个粉红色的瓶子藏在身后。

　　"有了！我想到了！"这时校长突然想出了整治罗克的办法。他开始翻自己的抽屉，似乎在找某样东西，Milk趁校长不注意，偷偷把粉红色粉末倒了一半进嘴里，他仔细品尝着这粉末的味道，咸咸的，不怎么好吃。

校长突然抬起头来看着Milk，吓得Milk慌忙把瓶子藏在身后，校长问Milk："你有没有看到一个装着粉红色粉末的瓶子？"

Milk一惊，因为嘴里还含着粉末，他只能疯狂摇头。校长纳闷，只好低下头，甚至钻到桌子底下找，一边找一边自言自语："真是奇怪了，平时都放在桌上的啊。那可是痒痒粉，粘上一点就能挠上三天三夜。"

听到校长的话，Milk惊呆了。校长继续说道："沾到痒痒粉的人因为太痒，肯定会坐立不安。只要我在考试的时候给罗克来上一点，然后再派一个严厉的监考，他肯定会认为罗克在作弊，到时全校都会认为，罗克是个考试作弊的坏孩子。哈哈哈哈！而且最

重要的是，今天是愿望之码出题的日子，只要拖住罗克……"

没等校长说完，Milk已经跑到了洗手间，拼命用水冲洗自己的嘴巴和舌头。

冲了半个多小时后，Milk回到校长的办公室，但是他还是感觉很痒，不停地嚅动着嘴巴，试图缓解发痒的感觉。

"Milk！你这家伙这么久跑到哪儿去了？"校长边责备边将瓶子交到Milk手中，"待会我会让同学们做一个测试，你就利用你的隐身能力，趁机在罗克身上撒上这痒痒粉！"

Milk点头答应。

校长看了看墙上的挂钟，现在是9:20，他吩咐Milk说："快去准备，10:00准时开始计划！"

Milk快步离开校长室，校长满脸坏笑："罗克啊罗克，这次你逃不出我的手掌心！"

被校长盯上的罗克危险了！

突击检查

9:40，学生们正在上课。这是一堂数学课，同学们正聚精会神听着老师讲解题目，认真做着笔记。这一堂课主要是为明天的考试做准备，所以小强、花花、依依三人学得格外认真。

就在大家认真上课的时候，黑板上方的屏幕突然亮起，校长的身影出现在屏幕上，正在讲课的老师不得不停下来。

老师问："校长，您有什么事吗？"

校长清了清嗓子，背着手说："为了了解学生掌握知识的情况，我决定在明天考试

开始前，给大家来一次突击检查！"

突击检查？怎么个检查法？以前也没出现过这样的情况啊，校长这是要干什么？同学们很疑惑，七嘴八舌地讨论了起来。

校长示意大家安静，继续说道："我会出一道数学题，你们能在一分钟内答出来就说明知识掌握得不错，奖励你们考试推迟一天；要是答不出来，今天就开始考试！"

校长的话引起了同学们的不满，大家纷纷表示抗议，老师也在旁边劝说道："校长，这样会不会不太好啊，毕竟考试日期是定好的。"

"我是校长，我说什么就是什么！"校长理直气壮地回应了大家的质疑。迫于校长的威严，大家只能接受。

校长满意地点点头，拿出一本砖头一样厚的书，翻找题目："我看看啊，这题不错！好，那就这题了。你们都听好了！机会只有一次，必须在一分钟内作答，而且要把解题思路说清楚！在某次数学测试中，某班平均分91分，男生平均分89分，女生平均分92.5分，班里女生有24人，那么男生有多少人？"

听完题目后，大家的第一反应不是做题，而是想着自己班级的平均分有这么高该多好。

小强流着口水幻想着，要是全班平均分有91分，那他肯定不会不及格了吧！

依依也昂头看着周围的男生说："你们听到了吧，数学题都证明，我们班女生成绩比男生好！"

花花"扑哧"一笑，说："他们在做梦，居然相信数学题上的话。"

依依回击道："那你赶快把题目做出来啊！"

花花看了一眼题目，这题不难，但是在这么短的时间内，她肯定做不出来，于是花花只能对依依的话充耳不闻，开始欣赏起手

中的花。

其实依依自己也没法这么快做出来。再看班上的学生，有人正抓耳挠腮，有人在纸上涂涂写写，还有人在用手指数着数，妄图数出来。依依非常着急：大家都不会做，这下怎么办？

罗克呢？罗克在干吗？依依环视四周，发现罗克桌面上竖着一本书，而他已经趴在书后面睡着了。依依连忙过去拉起罗克："罗克！快醒醒！"

罗克睡眼惺忪地看了看周围，迷迷糊糊地说："下课了吗？这么快？"大家一看罗克，突然哄堂大笑，依依也没忍住，"扑哧"一声笑出来。罗克一脸茫然地看着哈哈大笑的同学们。

这时UBIQ跳起来，用屏幕给罗克当镜子，罗克看到自己居然被涂了个大花脸，难怪大家要笑成那样！

　　依依拽着罗克的衣服，指着屏幕着急地说："快，起来把上面的题目解出来！"

　　罗克正手忙脚乱地擦着脸上的涂鸦，还没来得及找"凶手"，就又被拉着去解题，他满脸不乐意，手撑着桌面说："哼，我就不做！"

　　屏幕提示还剩10秒，关键时刻，依依只能掏出抹布威胁罗克："做不做，不做就擦你脸！"

　　罗克左躲右闪，还是被依依提住，只好答应做题，这时时间只剩1秒，他看了一眼

题目，便脱口而出："18个人！"

校长沉默了一会儿，然后问道："怎么算出来的？"

罗克解释说："假设男生有x人，则男生总分是$89 \times x$，女生总分是$92.5 \times 24 = 2220$，而全班平均分等于全班总分÷人数，所以（$89 \times x + 2220$）÷（$24 + x$）=91，解得$x=18$，即男生有18人。"

全班同学都激动地为罗克鼓掌，只看一眼就能把数学题做出来，真是太厉害了！就在大家都以为考试可以推迟一天的时候，校长却笑了："就算答对了又怎么样，还不是超过时间了，所以考试提前，现在立刻开始考试！"

不是吧！尽管同学们怨声载道，考试还是被提前了！

荒岛课堂

列方程解决复杂问题

设未知数列方程是数学题中十分常见的解题方法，特别适用于那些盈亏、还原、平均数问题中稍复杂的情况，尤其在小学高年级和中学阶段，列方程解题比算术法解题更具优越性、普遍性和适应性。关键要结合题意巧妙地设置直接或间接未知数。

例 题

假如在这次的数学测试中，某班平均分91分，男生平均分89分，女生平均分92.5分，班里女生有24人，那么男生有多少人？

方法点拨

首先要确认男生和女生的分数总和等于平均分乘以总人数。

女生分数总和为92.5×24，设男生人数为x，那么男生总分为89x，总人数为24+x。顺着这个解题思路可得下列等式：

$$89x+24 \times 92.5=91 \times （24+x）$$

解得　　　　　$x=18$

所以男生一共有18人。熟练使用方程可以轻松解决很多问题，小朋友们一定要熟练掌握哦！

牛刀小试

　　刘老师将体育室的乒乓球分给若干个人，每人5个还多余10个，如果人数增加到原来人数的3倍，每人分2个还缺少8个，问体育室有多少个乒乓球？

史上最严监考！

　　虽然罗克答对了校长出的题，但是因为超时，所以考试提前，这一切都符合校长的计划，目前看起来毫无破绽，接下来就是进行计划的下一步了。

　　老师发完了试卷，准备走上讲台监考，但是校长这时开口说："为了减轻老师负担，这次考试我决定请一个严厉的监考，他就是史上最严保安——国王！"

　　刚说完，只听"啪"的一声，门开了，国王昂首挺胸，踢着正步走进教室，目光斜视着同学们，在座的同学想起早上安检的

事，都对这个新的监考员充满恐惧。

老师似乎对校长的这个安排很满意，高兴地把监考任务交给国王，同学们只能无奈地看着老师离开教室。国王注意到大家没好好考试，一拍桌子大吼："不要东张西望！认真考试！有我在，谁也别想作弊！"

校长刚想插话，国王就关掉了屏幕电源："哼，考试期间，就算是校长也不准说话！"

大家被国王的气势吓到，乖乖埋头做题，生怕国王盯上自己。

但是这时候，小胖的肚子发出了"咕咕"的声音，于是他拿出手机，准备点一份香喷喷的外卖，国王那双锐利的眼睛看到了小胖，三步并作两步过去夺走手机。

国王面露得意的微笑："嗯哼！想作弊！被我捉到了！"

小胖连忙解释说："我只是想点外卖！"

国王一看手机，还真是点外卖的界面，再看小胖的体型，相信他应该真的是在点外卖。于是国王收起手机说："考完再点，考试时不许使用手机！你们都老实点，要是让我捉到作弊，就去操场跑500圈！"

听到国王的话，同学们吓得瑟瑟发抖，国王已经不仅仅是最严保安，还是最严监考！大家都提心吊胆，生怕国王注意到自己。

果然，国王又盯上了新的目标——罗克的UBIQ！

国王凑到罗克身边，朝他挤眉弄眼，然后看着UBIQ说："罗克，你说UBIQ这么厉

害，他能不能变成计算器呢？"

　　罗克自信一笑，这点小事怎么能难得倒UBIQ呢！UBIQ眨眼间就变身成了计算器，谁知刚变身就被国王捉起来，强行塞进罗克笔盒里。

　　国王冷酷地说道："哼，考试不许带计算器，要是UBIQ在考试结束之前出来，我就算你作弊！"

　　罗克想站起来解释，但是看到国王凶恶的眼神，只好放弃了这个想法。罗克拍了拍震动的笔盒说："UBIQ，等我考完试就放你出来，你先安静一会儿。"果然，笔盒安静下来了。

考试静静地进行着，在这期间，国王没收了花花用来蒙答案的花，叫醒了打瞌睡的小强，作弊者暂时还没有出现。但是随着时间的流逝，有人终于按捺不住了，因为再不作弊就来不及了。

在国王走到教室后面的时候，罗克收到了来自小胖的纸团，上面写着：第19题你会做吗？

罗克一看，这么简单的题目谁不会啊，于是在纸上大笔一挥，丢回给小胖。

小胖暗自窃喜，以为没有被国王看见。他小心翼翼地打开纸团，只见上面一个大大的"会"字！小胖顿时火冒三丈，他回头想瞪一眼罗克，结果刚抬头就看到站在自己面前的国王。

国王一把抢过小胖的纸团，打开看了

看，然后收起小胖的考卷说："你以为我在后面没看到吧！给我下去跑500圈！"

小胖哭着从座位上站起来，一边抹着眼泪一边走出教室。

经过这件事，大家更不敢作弊了，而国王也觉得自己今天实在是太帅了，只是早上没有给女儿花花面子，不知道回到家她会不会生自己的气。国王还有一种奇怪的感觉，明明他是监考员，但是他总觉得自己被监视了，好像有一个隐形人在角落里偷偷盯着自己。

原来，Milk按照校长的计划，早已偷

偷潜入教室，此时他进入了隐身状态，别人根本看不到他，接下来他要做的就是偷偷把痒痒粉倒在罗克身上，任务就完成了。

Milk来到了罗克的身边，准备完成校长交代的事。但UBIQ可不是好惹的，所以一定要趁它没注意的时候下手。Milk在罗克周围逛了一圈，发现UBIQ并不在，于是很安心地掏出痒痒粉。但这时，罗克的笔盒突然动了起来，罗克以为UBIQ憋坏了，连忙安慰说："UBIQ你再忍忍，马上考完了！"

罗克这边的动静引起了国王的注意，于是他走上前去想看个究竟。说来也巧，这时Milk正准备往罗克身上倒痒痒粉，但是他没想到，UBIQ居然"嘭"的一声从笔盒里蹦了出来，变成了一个吹风机，将撒向罗克的粉末吹走，而粉末刚好吹到了走过来查看情况的国王身上。

国王一连打了几个喷嚏，Milk见状，知道情况不妙，于是连忙趁没人发现他的时候

悄悄溜出教室。

国王看到UBIQ跑出来，顿时脸就黑了下来，同时他开始感到浑身发痒，国王一边挠一边指着罗克说："罗克，我说了，UBIQ再出现在考试当中，就算你作弊。现在，你也给我下去跑500圈！"

罗克立刻站起来想解释："国王，你误会了……"

"没有误会，500圈！现在去！"国王打断罗克的话，斩钉截铁地说，同时不断挠着身体："哎呀，怎么突然间这么痒了呢……"

罗克只好乖乖走出教室，UBIQ向国王抗议，也被国王驱逐出去，罗克无奈地带着UBIQ去到操场，看到正在跑步的小胖，也加入了进去。

环形多次追及（相遇）问题

环形跑道追及问题是特殊场地行程问题之一，是多人（一般至少两人）多次相遇或追及的过程。解决多人多次相遇与追及问题的关键是看我们是否能够准确地对题目中所描述的每一个行程状态做出正确合理的分析，多次相遇实际就是多次追上，主要用到的公式还是路程差÷速度差=追及时间。

例 题

甲、乙两人沿着环形跑道跑步，甲每分钟跑400米，乙每分钟跑375米，跑道长400米，如果两人同时从起跑线同方向跑，那么甲经过多少时间才能第一次追上乙，甲经过多少时间第五次追上乙呢？

方法点拨

甲第一次追上乙一定是比乙多跑1圈，即路

程差为400米，同理知第五次追上乙，就是比乙多跑5圈，即第五次追上乙时，甲、乙的路程差为400×5=2000（米）。

第一次追上的时间为400÷（400−375）=16（分）。

第五次追上的时间为2000÷（400−375）=80（分）。

校长"大胜利"

　　校长从监控中看到这一幕，又看了一眼正在吃东西的Milk，说："还以为你这次又失败了，没想到阴差阳错地拖住了罗克。愿望之码出题时间也快到了，罗克肯定赶不上了，我们现在赶快过去！"

　　此时，国王这边也监考完毕，正被依依和花花围堵着，依依质问国王："国王，罗克怎么会作弊呢？他数学那么好，而且他帮了我们这么多次，你怎么能这样！"

　　国王还是一副正义凛然的样子说："公是公，私是私，不能混为一谈。"

一边的花花不满地看着国王说："哼，我总感觉爸爸被人利用了，说不定在帮人做坏事呢！"

小强走过来拿出一张日历纸给大家看："我没记错的话，今天是愿望之码出题的日子，会不会是校长的阴谋……"

国王恍然大悟，对啊，今天是愿望之码出题的日子。依依和花花开始急了，国王这时示意大家冷静下来："不要紧，我们现在过去还来得及。"

"我去叫罗克。"依依还没跑两步就被国王拉住，依依疑惑地看着国王，不知道他为什么拉住自己。

国王解释说："有我在就行了，我的数学天下第一。而且我刚刚才惩罚了罗克，现在去求罗克，他肯定不会答应。"

依依想了一下，觉得罗克帮他们已经够多了，所以这次她决定相信国王一次。于是国王带着大家一起赶往广场，而此时的罗克正踩着滑板偷懒，完全不知道此事。

当国王等人赶到广场时，发现愿望之码正在启动，而校长和Milk早已在等待，国王摩拳擦掌，跃跃欲试："这次让你看看数学荒岛国王的厉害！"

校长发现来的人中并没有罗克，他冷笑一声："只要罗克没来，这几个人根本没有威胁。"

"Milk，这次交给你来对付他们，他们没资格让我出手。"校长退到Milk后面，Milk高兴地点头。

这时愿望之码启动，声音传出："今天的题目是这样的，一条鳄鱼的体重，等于它本身体重的$\frac{5}{8}$再加上$\frac{6}{8}$吨，请问鳄鱼的体重是多少？现在，抢答开始！"

国王一听挠挠头，开始思考这题怎么做，但是想了好久，还是毫无头绪，国王急忙朝依依他们说："你们快想想怎么做啊！"

说好的数学天下第一呢？依依他们无

言以对，但是没办法，只能一起思考解题方法，但是这题目他们也无从下手。

校长看到这一幕，得意地大笑："哈哈，没有罗克和UBIQ，就算给他们一个小时也算不出来。Milk，我们先看戏！"

国王等人数了半天手指，依旧没算出答案，依依只好拿出手机，打电话给罗克。正踩着滑板偷懒的罗克接通电话，听完依依说的题目后，眼珠子一转，立马就算了出来。

"哈哈，这太简单了！"罗克刚想告诉依依答案，就发现电话挂断了。广场上，依依不停拍着手机，但是手机没有反应。依依无奈地叹了口气说："手机没电了……"

"哈哈，还是让Milk来告诉你们答案吧！"校长示意Milk开始答题。

"$\frac{6}{8}$ 吨占了鳄鱼体重的 $\frac{3}{8}$，这是知道部分求全体，应该做分数除法，即 $\frac{6}{8} \div \frac{3}{8} = 2$（吨）。"

听到Milk的答案，依依他们像泄了气的皮球，这么简单的题目，要是罗克在，他肯定一下子就做出来了，国王硬着头皮说："其实我也想到了，只是被他们说了。"

愿望之码发出光芒："回答正确，请说出你的愿望。"

校长正准备说出愿望，却被Milk抢了先，Milk兴奋地提出想要带着校长一起坐飞船去数学星球，还没等校长反应过来，愿望之码就实现了Milk的愿望——下一秒，Milk和校长出现在一艘飞船里。

Milk高兴地启动了飞船："哈哈，这下可以回家了！校长，我带你去数学星球旅游！"

119

"等等！我才不要去什么数学星球呢！Milk！你坏了我的计划！"校长生气地站了起来，飞船一阵晃动，吓得校长连忙坐下。

校长冷静下来，仔细想了想，反正也没去过数学星球，去看看也好，这个愿望也不算坏，于是他不再责怪Milk，安静地坐了下来。在国王等人的面前，飞船起飞，校长看着地面越来越小的人影，心情大好，这次真是他的大胜利啊，果然没有罗克在，就没有人能赢他。

校长在空中看到了在操场受罚的罗克，罗克正踩着滑板和小胖一起跑圈。校长觉得自己已经没有敌手了，可正当他心里美滋滋的时候，突然一道光闪过，飞船消失了。

"啊！怎么回事？"校长大叫着从天空掉下，这时校长才想起来，愿望之码的时效只有三分钟！Milk，你这家伙又坏了我的好事！

最终校长用Milk的大嘴巴做降落伞，在

天空中慢慢飘向远方。

罗克抬头望见飘荡在空中的不明飞行物，疑惑地说："咦？那是什么？"

据说校长飘落到地面时，被Milk压到了腰，导致他进医院住了好长一段时间。校长住院这段时间里一切都很正常，罗克和几个外星人每天都过着平淡而又充实的日子，但是一切不会就这么结束的，等待罗克的将是更大的考验。

分数应用题

分数应用题是数学学习的重要部分，也是很多同学学习应用题的最大敌手。只要掌握方法，破解分数应用题并不难！

四字法宝分析解答：

一（看）：看题中含有几分之几的句子

二（找）：找单位"1"

三（定）：确定方法，单位"1"已知用乘法，单位"1"未知用除法

四（列）：列式子（算术法或方程法）

对应数量÷对应分率=单位"1"的量

例 题

一条鳄鱼的体重，等于它本身体重的 $\frac{5}{8}$ 加上 $\frac{6}{8}$ 吨，请问鳄鱼的体重是多少？

在这一题的题干中出现了分数，我们来学（或者复习）一下分数的算法。

在分数的加减法中，在分母一致的情况下，分母不变，分子相加减，如 $\dfrac{3}{7}-\dfrac{1}{7}=\dfrac{2}{7}$。当分母不一致的情况下，先找分母的最小公倍数，分子与分母扩大同样倍数后，再进行加减，如 $\dfrac{1}{2}-\dfrac{1}{3}=\dfrac{3}{6}-\dfrac{2}{6}=\dfrac{1}{6}$。在分母与分子有同样的约数时，需要相约，如 $\dfrac{4}{6}=\dfrac{2}{3}$。在分数的乘除法中，我们需要分母乘以分母，分子乘以分子，除法同理，如 $\dfrac{3}{4}\times\dfrac{7}{8}=\dfrac{3\times7}{4\times8}=\dfrac{21}{32}$，不管是分数加减还是乘除，算完后一定要记得相约。

在这一题中，鳄鱼的体重是它本身体重的 $\dfrac{5}{8}$ 加上 $\dfrac{6}{8}$ 吨，也就是说该鳄鱼体重的 $\dfrac{3}{8}$ 为 $\dfrac{6}{8}$ 吨，那么用 $\dfrac{6}{8}$ 除以 $\dfrac{3}{8}$ 就得出了鳄鱼的体重，解得：

$$\dfrac{6}{8}\div\dfrac{3}{8}=\dfrac{6\div3}{8\div8}=2\text{（吨）}$$

所以，鳄鱼的体重是2吨。小朋友们，分数的算法你们掌握了吗？

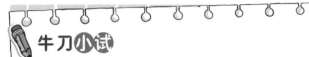

牛刀小试

　　罗克在看一本书，已看的页数比总页数的 $\frac{3}{5}$ 少12页，他已经看了60页，这本书共有多少页？

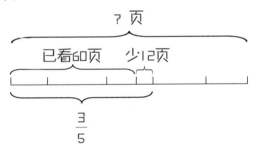

? 页

已看60页　　少12页

$\frac{3}{5}$

124

危险的校车

● 1. 上学的路真远

【荒岛课堂】共有几条路线?

【答案提示】

共有5×3=15种。

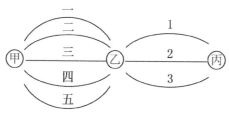

● 2. 校车修好了!

【荒岛课堂】植树问题变形记

【答案提示】

4200÷7=600（人）

600÷20=30（排）

$1×（30-1）=29（米）$

$29×7=203（米）$

$8×（7-1）=48（米）$

$48+203=251（米）$

3. 罗克和国王的比赛

【荒岛课堂】敲钟求和

【答案提示】

$1.5×（1+2+3+\cdots+23）=414（秒）$

4. 校车来了

【荒岛课堂】"吃透"基本行程问题

【答案提示】

先统一单位，上山用了2时40分=160分，160÷（30+10）=4（次），说明上山途中休息了4次。

实际走路时间是：$160-4×10=120（分）$。

上下山路程是一样的，现在下山速度是上山速度的两倍，所以下山实际走路用的时间只是上山实际走路用的时间的一半，$120÷2=60（分）$。

$60÷（30+5）=1\cdots\cdots25$

说明下山途中只休息了一次。

因此下山一共用的时间为：60+5=65（分）。

5. 校长的目的

【荒岛课堂】校车途中接人问题

【答案提示】

第一次提前20分钟是因为校长自己走了一段路，校车不需要走那段路的来回，所以校车开那段路的来回应该是20分钟，走一个单程是10分钟，而校车每天8:00到校长家，所以那天早上校车是7:50接到校长的，校长走了50分钟，这段路如果是校车开需要10分钟，所以校车速度是校长步行速度的5倍。

第二次，实际上相当于校长提前半小时出发，时间按5:1的比例分配，则校长走了25分钟时遇到校车，这次比平常要提前（30−25）×2 = 10（分）。

6. 校长的真正目的

【荒岛课堂】摆阵法分步骤

【答案提示】

30×20×12=7200（种）

7.愿望之码的战场

【荒岛课堂】"两元素"重复除以2

【答案提示】

按逆时针顺序来计数，OA与其他的5条射线组成5个角，OC与其他4条射线组成4个角，以此类推，一共有5+4+3+2+1=15（个）。也可以用乘法计算，分两步，第一步选好一条边，有6种，第二步选组成一个角的另一条边，有5种，因为组成的$\angle AOC$和$\angle COA$都是同一个角，计算有重复，所以共有6×5÷2=15（个）锐角。

史上最严保安

1.国王的工作

【荒岛课堂】"鸡兔同笼"问题的变形

【答案提示】

设全部都是5元的纸币，则：

10元的纸币有（820−5×100）÷（10−5）=64（张）。

5元的纸币有100-64=36（张）。

★还可用代入检查的方法判断，答案对不对立马见分晓。

64张10元的共640元，36张5元的共180元，则640+180=820（元）。

● **2.史上最严保安**

【数学链接】排队与乘法原理

【答案提示】

第一步，确定千位数字，从3、5、7、8中任取一个，有4种方法；第二步，确定百位数字，从余下的3个数字中选取，有3种取法；第三步，确定十位数字，从余下2个数字中选取，有2种取法；第四步，确定个位数字，有1种取法。

所以，排成不同的四位数有$A_4^4 = 4 \times 3 \times 2 \times 1 = 24$（个）。

3. 校长也要安检

【数学链接】优先排队过安检

【答案提示】

分步思考：第一步先确定十位数字，从3、5、7、8中任取一个，有4种方法；第二步，确定个位数字，从余下的3个数字中选取有3种取法。

因为是组成两位数，用搭配图也非常好理解：

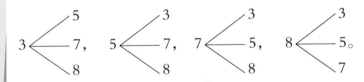

所以两位数有4×3=12（个）。

公式法：从4个数字中选2个数字排列 $A_4^2=4\times3$（个）。

4. 当保安第一天就要失业了？

【荒岛课堂】复杂的钟面计算问题

【答案提示】

先统一单位，全部用秒作时间单位，标准时间是每小时转3600秒。

闹钟每小时比标准时间慢30秒，即3600-30=3570（秒）。

　　难点是手表每小时转的秒数不是3600+30=3630（秒），因为闹钟每小时要转的秒数不是标准时间3600秒，而是比标准时间3600秒要长。那手表1小时需要的秒数是多少呢？

　　先计算闹钟的转速，闹钟的转速是标准时间转速的 $3570 \div 3600 = \dfrac{357}{360}$，同样的道理，手表的转速是闹钟的 $3630 \div 3600 = \dfrac{363}{360}$，则手表一个小时真正用时 $3600 \times \dfrac{363}{360} \times \dfrac{357}{360} = 3599.75$（秒）。（可以用计算器帮忙）

　　所以，手表每小时慢了（3600-3599.75）秒，即0.25秒，每天24小时慢了6秒，一周7天共慢了42秒。

罗克"作弊"记

● ⒉ 突击检查

【荒岛课堂】列方程解决复杂问题

【答案提示】

设乒乓球分给了x个人，可得：

$5x + 10 = 2 \times 3x - 8$

解得 $x = 18$

乒乓球有$5 \times 18 + 10 = 100$（个）。

● ⒊ 史上最严监考！

【荒岛课堂】环形多次追及（相遇）问题

【答案提示】

甲的速度为$300 \div 4 = 75$（米/分）。

乙的速度为$300 \div 6 = 50$（米/分）。

第十五次击掌时，追及时间为$300 \times 15 \div (75 - 50) = 180$（分）。

所以乙走的路程为$180 \times 50 = 9000$（米）。

【荒岛课堂】分数应用题

【答案提示】

$$（60＋12）÷\dfrac{3}{5}$$

$$＝72÷\dfrac{3}{5}$$

$$＝72×\dfrac{5}{3}$$

$$＝120（页）$$

答：这本书共有120页。

数学知识对照表

图书在版编目（CIP）数据

罗克数学荒岛历险记. 2，罗克"作弊"记/达力动漫著. —广州：广东教育出版社，2020.11

ISBN 978-7-5548-3306-3

Ⅰ. ①罗… Ⅱ. ①达… Ⅲ. ①数学—少儿读物 Ⅳ. ① O1-49

中国版本图书馆 CIP 数据核字（2020）第 100217 号

策　　划：陶　己　卞晓琰
统　　筹：徐　枢　应华江　朱晓兵　郑张昇
责任编辑：李　慧　惠　丹　尚于力
审　　订：苏菲芷　李梦蝶　周　峰
责任技编：姚健燕
装帧设计：友间文化
平面设计：刘徵羽　钟玥珊

罗克数学荒岛历险记　2　罗克"作弊"记
LUOKE SHUXUEHUANGDAO LIXIANJI　2　LUOKE "ZUOBI" JI

广 东 教 育 出 版 社 出 版 发 行
（广州市环市东路 472 号 12-15 楼）
邮政编码：510075
网址：http：//www.gjs.cn
广东新华发行集团股份有限公司经销
广州市岭美文化科技有限公司印刷
（广州市荔湾区花地大道南海南工商贸易区 A 幢　邮政编码：510385）
889 毫米 ×1194 毫米　32 开本　4.5 印张　90 千字
2020 年 11 月第 1 版　2020 年 11 月第 1 次印刷
ISBN 978-7-5548-3306-3
定价：25.00 元
质量监督电话：020-87613102　邮箱：gjs-quality@nfcb.com.cn
购书咨询电话：020-87615809